으뜸 매직셈 ③

대한암산수학연구소

세광m

차례

 곱셈구구

 곱셈구구를 하여 답을 쓰세요.

×	0	1	2	3	4	5	6	7	8	9
2										

×	3	5	1	0	8	9	7	6	4	2
4										

×	7	2	9	8	3	4	1	6	0	5
6										

×	3	2	8	5	4	7	9	0	1	6
8										

×	4	2	8	9	5	7	6	1	0	3
5										

×	6	0	9	2	7	8	3	4	1	5
3										

×	3	6	7	0	2	8	5	1	4	9
7										

×	4	3	2	8	1	9	0	6	7	5
9										

Tip	10이 안되는 구구단 앞에는 반드시 '0'을 붙여 읽어 줍니다.

2의 단 곱셈구구의 이해

	+2	+2	+2	+2	+2	+2	+2	+2	+2	+2
×	0	1	2	3	4	5	6	7	8	9
2	00	02	04	06	08	10	12	14	16	18

위와 같이 2의 단 곱셈구구에서는 답이 2씩 커집니다.
2의 단은 2를 거듭 더해 나가는 것을 말합니다.

2씩 거듭 더하기	2의 단	답
2	2 × 1	02
2+2	2 × 2	04
2+2+2	2 × 3	06
2+2+2+2	2 × 4	08
2+2+2+2+2	2 × 5	10
2+2+2+2+2+2	2 × 6	12
2+2+2+2+2+2+2	2 × 7	14
2+2+2+2+2+2+2+2	2 × 8	16
2+2+2+2+2+2+2+2+2	2 × 9	18
2+2+2+2+2+2+2+2+2+2	2 × 10	20

2×8=2+2+2+2+2+2+2+□	2+2+2+2+2+2+2=2×6+□
2×4=2+2+2+□	2+2+2+2=2×3+□
2×9=2+2+2+2+2+2+2+2+□	2+2=2×□+□
2×6=2+2+2+2+2+□	2+2+2+2+2+2=2×5+□
2×3=2+2+□	2+2+2+2+2=2×4+□
2×7=2+2+2+2+2+2+□	2+2+2+2+2+2+2=2×6+□

두 자리 수 × 한 자리 수(2단)

공부한 날 월 일

2의 단 곱셈구구를 하여 답을 쓰세요.

1	13 × 2 = 20 + 6 = 26	
2	42 × 2 =	2 × 1 =
3	71 × 2 =	2 × 2 =
4	83 × 2 =	2 × 3 =
5	54 × 2 =	2 × 4 =
6	74 × 2 =	2 × 5 =
7	79 × 2 =	2 × 6 =
8	58 × 2 =	2 × 7 =
9	60 × 2 =	2 × 8 =
10	39 × 2 =	2 × 9 =
11	67 × 2 =	
12	28 × 2 =	2 × 10 =
13	36 × 2 =	2 × 20 =
14	19 × 2 =	2 × 30 =
15	84 × 2 =	2 × 40 =
16	48 × 2 =	2 × 50 =
17	55 × 2 =	2 × 60 =
18	87 × 2 =	2 × 70 =

$89 \times 2 = 178$

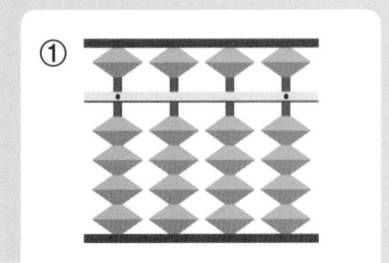

① 일의 자리부터 앞으로 하나, 둘, 셋하며 개수만큼 집어서 백의 자리에 손을 멈추게 한다.

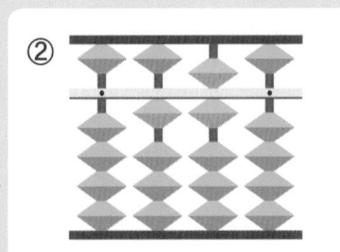

② 십육, 십팔하고 읽게 한 다음 백의 자리부터 순서대로 십육하며 놓게 하고 손을 떼지 못하게 한다.

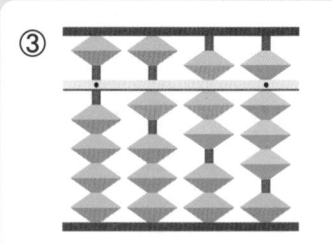

③ 손을 떼지 않고 그 자리부터 겹쳐서 십팔하며 놓아주라고 한 후 답을 읽으라고 한다.

 주판으로 계산하세요. (제한시간 5분)

1	87 × 2 =	
2	69 × 2 =	
3	96 × 2 =	
4	78 × 2 =	
5	58 × 2 =	
6	59 × 2 =	
7	65 × 2 =	
8	95 × 2 =	
9	2 × 64 =	
10	2 × 73 =	
11	2 × 82 =	
12	2 × 91 =	

 암산으로 계산하세요. (제한시간 5분)

1	15 × 2 =		
2	25 × 2 =		
3	35 × 2 =		
4	45 × 2 =		
5	38 × 2 =		
6	49 × 2 =		
7	37 × 2 =		
8	28 × 2 =		
9	2 × 11 =		
10	2 × 22 =		
11	2 × 33 =		
12	2 × 44 =		

공부한 날 월 일

주판으로 계산하세요. (제한시간 5분)

1	2	3	4	5
8	61	5	58	63
73	5	72	4	4
6	2	37	17	9
9	59	9	9	52
31	4	4	5	7

6	7	8	9	10
2	47	74	63	36
67	2	3	5	8
1	−3	6	71	26
8	69	49	−39	5
53	4	5	4	92

암산으로 계산하세요. (제한시간 3분)

1	2	3	4	5	6	7
6	8	6	8	5	7	9
3	6	2	3	8	6	3
8	7	1	7	7	5	3
9	4	8	4	6	4	1
5	2	3	2	3	8	2

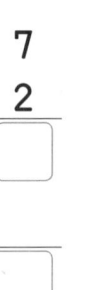

2단

2×1 =
2×2 =
2×3 =
2×4 =

$$\begin{array}{r} 5\ 7 \\ \times\ \ \ 2 \\ \hline \end{array}$$

$$\begin{array}{r} 2 \\ \times\ 4\ 6 \\ \hline \end{array}$$

2×5 =
2×6 =
2×7 =
2×8 =
2×9 =

주판으로 계산하세요. (제한시간 5분)

1	24 × 2 =	
2	50 × 2 =	
3	46 × 2 =	
4	93 × 2 =	
5	62 × 2 =	
6	58 × 2 =	
7	75 × 2 =	
8	91 × 2 =	
9	36 × 2 =	
10	87 × 2 =	
11	2 × 70 =	
12	2 × 16 =	
13	2 × 54 =	
14	2 × 39 =	

암산으로 계산하세요. (제한시간 5분)

1	73 × 2 =		
2	56 × 2 =		
3	90 × 2 =		
4	57 × 2 =		
5	83 × 2 =		
6	37 × 2 =		
7	65 × 2 =		
8	92 × 2 =		
9	18 × 2 =		
10	78 × 2 =		
11	2 × 52 =		
12	2 × 60 =		
13	2 × 38 =		
14	2 × 47 =		

공부한 날 월 일

주판으로 계산하세요. (제한시간 5분)

1	2	3	4	5
9	76	18	7	64
72	7	3	82	1
37	2	56	5	16
14	1	4	−64	3
8	79	52	33	72

6	7	8	9	10
3	71	28	73	2
12	3	9	4	78
6	82	6	5	5
81	4	73	67	39
65	9	65	1	58

암산으로 계산하세요. (제한시간 3분)

1	2	3	4	5	6	7
5	6	6	7	6	6	8
9	7	8	4	1	2	6
2	4	3	2	7	3	4
1	3	2	8	4	9	2
4	9	4	5	9	7	3

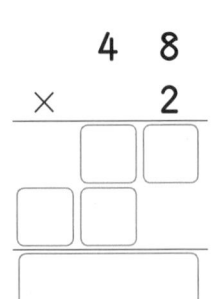

두 자리 수 × 한 자리 수(2단)

공부한 날   월   일

2단

2×1 =
2×2 =
2×3 =
2×4 =

	4	8
×		2

		2
×	1	9

2×5 =
2×6 =
2×7 =
2×8 =
2×9 =

 주판으로 계산하세요. (제한시간 5분)

1	57 × 2 =	
2	81 × 2 =	
3	34 × 2 =	
4	70 × 2 =	
5	42 × 2 =	
6	65 × 2 =	
7	96 × 2 =	
8	15 × 2 =	
9	76 × 2 =	
10	54 × 2 =	
11	2 × 91 =	
12	2 × 80 =	
13	2 × 26 =	
14	2 × 48 =	

 암산으로 계산하세요. (제한시간 5분)

1	46 × 2 =	
2	53 × 2 =	
3	75 × 2 =	
4	95 × 2 =	
5	80 × 2 =	
6	77 × 2 =	
7	38 × 2 =	
8	63 × 2 =	
9	49 × 2 =	
10	37 × 2 =	
11	2 × 61 =	
12	2 × 45 =	
13	2 × 10 =	
14	2 × 36 =	

 공부한 날

월   일

 주판으로 계산하세요. (제한시간 5분)

1	2	3	4	5
7	49	6	84	73
68	32	79	5	96
4	3	61	−36	2
19	−64	2	92	9
83	7	93	3	28

6	7	8	9	10
2	81	7	5	81
51	2	2	72	4
34	−53	64	98	36
5	8	25	−25	8
63	74	1	6	69

 암산으로 계산하세요. (제한시간 3분)

1	2	3	4	5	6	7
5	7	9	5	8	1	7
4	3	6	4	9	4	9
6	8	1	6	1	7	3
3	4	2	2	2	6	8
9	6	8	7	8	8	2

공부한 날   월   일

2단

2×1 =
2×2 =
2×3 =
2×4 =

```
    6  0
×      2
```

```
       2
×   8  9
```

2×5 =
2×6 =
2×7 =
2×8 =
2×9 =

 주판으로 계산하세요. (제한시간 5분)

1	$62 \times 2 =$	
2	$89 \times 2 =$	
3	$37 \times 2 =$	
4	$92 \times 2 =$	
5	$73 \times 2 =$	
6	$50 \times 2 =$	
7	$15 \times 2 =$	
8	$29 \times 2 =$	
9	$64 \times 2 =$	
10	$47 \times 2 =$	
11	$2 \times 51 =$	
12	$2 \times 43 =$	
13	$2 \times 94 =$	
14	$2 \times 10 =$	

 암산으로 계산하세요. (제한시간 5분)

1	$39 \times 2 =$	
2	$25 \times 2 =$	
3	$72 \times 2 =$	
4	$82 \times 2 =$	
5	$66 \times 2 =$	
6	$85 \times 2 =$	
7	$90 \times 2 =$	
8	$81 \times 2 =$	
9	$16 \times 2 =$	
10	$49 \times 2 =$	
11	$2 \times 69 =$	
12	$2 \times 58 =$	
13	$2 \times 93 =$	
14	$2 \times 87 =$	

 공부한 날   월   일

 주판으로 계산하세요. (제한시간 5분)

1	2	3	4	5
37	79	5	68	59
2	4	12	−3	7
3	5	43	52	39
11	23	6	7	8
9	4	2	12	4

6	7	8	9	10
98	76	8	54	68
60	8	15	5	9
5	−34	93	8	55
47	2	7	−12	7
3	67	39	29	54

 암산으로 계산하세요. (제한시간 3분)

1	2	3	4	5	6	7
2	7	9	4	5	6	2
7	4	6	3	8	7	6
3	6	1	7	4	3	9
6	2	4	1	6	5	3
8	8	7	2	9	8	7

3단

3×1 =
3×2 =
3×3 =
3×4 =

$$\begin{array}{r} 63 \\ \times \ \ 3 \\ \hline \end{array}$$

$$\begin{array}{r} 3 \\ \times \ 89 \\ \hline \end{array}$$

3×5 =
3×6 =
3×7 =
3×8 =
3×9 =

주판으로 계산하세요. (제한시간 5분)

1	80 × 3 =	
2	43 × 3 =	
3	76 × 3 =	
4	54 × 3 =	
5	62 × 3 =	
6	17 × 3 =	
7	94 × 3 =	
8	29 × 3 =	
9	35 × 3 =	
10	68 × 3 =	
11	3 × 60 =	
12	3 × 89 =	
13	3 × 92 =	
14	3 × 16 =	

암산으로 계산하세요. (제한시간 5분)

1	25 × 3 =		
2	60 × 3 =		
3	84 × 3 =		
4	75 × 3 =		
5	42 × 3 =		
6	36 × 3 =		
7	59 × 3 =		
8	97 × 3 =		
9	15 × 3 =		
10	64 × 3 =		
11	3 × 95 =		
12	3 × 60 =		
13	3 × 18 =		
14	3 × 79 =		

 공부한 날   월   일

 주판으로 계산하세요. (제한시간 5분)

1	2	3	4	5
27	79	9	56	3
6	8	26	7	22
50	−2	68	71	4
73	9	5	3	36
5	85	39	−35	59

6	7	8	9	10
56	2	62	78	9
3	91	9	6	12
82	−20	45	4	68
7	3	8	−33	7
30	97	3	59	86

 암산으로 계산하세요. (제한시간 3분)

1	2	3	4	5	6	7
4	5	9	6	8	9	4
9	7	4	7	3	8	5
6	3	2	3	7	5	7
8	9	8	8	5	6	2
3	8	1	4	6	7	3

두 자리 수 × 한 자리 수(3단)

3단

$3 \times 1 =$
$3 \times 2 =$
$3 \times 3 =$
$3 \times 4 =$

$$\begin{array}{r} 7\ 2 \\ \times \quad 3 \\ \hline \end{array}$$

$$\begin{array}{r} 3 \\ \times\ 1\ 6 \\ \hline \end{array}$$

$3 \times 5 =$
$3 \times 6 =$
$3 \times 7 =$
$3 \times 8 =$
$3 \times 9 =$

 주판으로 계산하세요. (제한시간 5분)

1	$86 \times 3 =$
2	$59 \times 3 =$
3	$40 \times 3 =$
4	$13 \times 3 =$
5	$67 \times 3 =$
6	$58 \times 3 =$
7	$75 \times 3 =$
8	$91 \times 3 =$
9	$36 \times 3 =$
10	$87 \times 3 =$
11	$3 \times 72 =$
12	$3 \times 16 =$
13	$3 \times 50 =$
14	$3 \times 71 =$

암산으로 계산하세요. (제한시간 5분)

1	$57 \times 3 =$
2	$89 \times 3 =$
3	$48 \times 3 =$
4	$70 \times 3 =$
5	$26 \times 3 =$
6	$83 \times 3 =$
7	$65 \times 3 =$
8	$92 \times 3 =$
9	$18 \times 3 =$
10	$43 \times 3 =$
11	$3 \times 51 =$
12	$3 \times 69 =$
13	$3 \times 47 =$
14	$3 \times 30 =$

공부한 날 월 일

50 만들기에 주의하여 주판으로 계산하세요.

주판으로 계산하세요. (제한시간 5분)

1	2	3	4	5
24	38	45	36	38
5	6	8	16	6
8	5	22	7	1
6	7	7	−58	9
9	8	4	9	25

6	7	8	9	10
6	14	25	36	78
18	5	29	7	6
2	26	−51	8	−52
19	7	8	16	5
8	29	4	4	17

암산으로 계산하세요. (제한시간 3분)

1	2	3	4	5	6	7
5	9	4	7	2	8	3
9	8	1	8	9	1	8
4	5	9	4	8	2	4
7	6	3	6	6	4	5
2	7	8	5	3	3	9

3단

3×1 =
3×2 =
3×3 =
3×4 =

$$\begin{array}{r} 9\ 1 \\ \times\ \ \ 3 \\ \hline \end{array}$$

$$\begin{array}{r} 3 \\ \times\ 8\ 5 \\ \hline \end{array}$$

3×5 =
3×6 =
3×7 =
3×8 =
3×9 =

주판으로 계산하세요. (제한시간 5분)

1	49 × 3 =	
2	81 × 3 =	
3	34 × 3 =	
4	78 × 3 =	
5	40 × 3 =	
6	65 × 3 =	
7	96 × 3 =	
8	15 × 3 =	
9	23 × 3 =	
10	57 × 3 =	
11	3 × 90 =	
12	3 × 85 =	
13	3 × 67 =	
14	3 × 48 =	

암산으로 계산하세요. (제한시간 5분)

1	75 × 3 =		
2	53 × 3 =		
3	12 × 3 =		
4	77 × 3 =		
5	86 × 3 =		
6	90 × 3 =		
7	38 × 3 =		
8	63 × 3 =		
9	21 × 3 =		
10	46 × 3 =		
11	3 × 61 =		
12	3 × 40 =		
13	3 × 27 =		
14	3 × 36 =		

공부한 날   월   일

50 만들기에 주의하여 주판으로 계산하세요.

주판으로 계산하세요. (제한시간 5분)

1	2	3	4	5
35	78	87	19	8
9	−55	−62	21	33
7	19	9	7	5
14	8	16	7	7
28	32	45	12	26

6	7	8	9	10
15	25	96	15	25
23	14	−75	39	26
4	−6	8	−1	4
9	15	19	3	3
13	8	4	6	55

암산으로 계산하세요. (제한시간 3분)

1	2	3	4	5	6	7
4	6	5	6	7	8	2
6	7	3	8	3	7	6
8	3	7	2	5	2	6
7	5	6	4	2	4	3
1	8	7	5	9	6	8

공부한 날   월   일

3단

3×1 =
3×2 =
3×3 =
3×4 =

```
    6  8
×      3
```

```
       3
×   4  3
```

3×5 =
3×6 =
3×7 =
3×8 =
3×9 =

 주판으로 계산하세요. (제한시간 5분)

1	62 × 3 =	
2	14 × 3 =	
3	37 × 3 =	
4	92 × 3 =	
5	73 × 3 =	
6	59 × 3 =	
7	60 × 3 =	
8	29 × 3 =	
9	64 × 3 =	
10	47 × 3 =	
11	3 × 68 =	
12	3 × 43 =	
13	3 × 90 =	
14	3 × 18 =	

 암산으로 계산하세요. (제한시간 5분)

1	82 × 3 =	
2	25 × 3 =	
3	72 × 3 =	
4	39 × 3 =	
5	46 × 3 =	
6	85 × 3 =	
7	97 × 3 =	
8	80 × 3 =	
9	16 × 3 =	
10	49 × 3 =	
11	3 × 69 =	
12	3 × 24 =	
13	3 × 55 =	
14	3 × 80 =	

공부한 날   월   일

50 만들기에 주의하여 주판으로 계산하세요.

주판으로 계산하세요. (제한시간 5분)

1	2	3	4	5
39	4	79	29	19
15	29	8	1	36
8	18	−51	8	24
29	26	19	−15	−56
−11	7	3	27	8

6	7	8	9	10
15	87	5	8	38
16	−56	49	45	17
19	19	21	22	4
8	5	19	9	13
34	4	3	7	9

암산으로 계산하세요. (제한시간 3분)

1	2	3	4	5	6	7
9	5	4	5	1	3	7
4	1	9	9	6	6	9
3	6	5	4	7	4	6
8	4	6	8	3	3	2
6	7	2	6	5	8	7

 2위 × 1위(2, 3단)

2×9 =	2×7 =	3×5 =	3×8 =
2×4 =	2×2 =	3×6 =	3×1 =
2×6 =	2×8 =	3×4 =	3×0 =
2×3 =	2×1 =	3×9 =	3×3 =
2×0 =	2×5 =	3×2 =	3×7 =

 주판으로 계산하세요. (제한시간 5분)

1	73 × 2 =	
2	21 × 3 =	
3	97 × 2 =	
4	82 × 3 =	
5	14 × 2 =	
6	38 × 3 =	
7	65 × 2 =	
8	19 × 3 =	
9	40 × 2 =	
10	29 × 3 =	
11	2 × 64 =	
12	3 × 25 =	
13	2 × 32 =	
14	3 × 94 =	

 암산으로 계산하세요. (제한시간 5분)

1	90 × 2 =		
2	24 × 3 =		
3	15 × 2 =		
4	63 × 3 =		
5	47 × 2 =		
6	84 × 3 =		
7	91 × 2 =		
8	68 × 3 =		
9	39 × 2 =		
10	26 × 3 =		
11	2 × 70 =		
12	3 × 45 =		
13	2 × 13 =		
14	3 × 27 =		

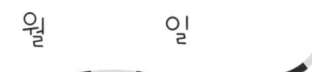

공부한 날 월 일

100 만들기에 주의하여 주판으로 계산하세요.

주판으로 계산하세요. (제한시간 5분)

1	2	3	4	5
26	7	25	95	88
8	36	29	−41	−35
51	2	6	2	9
9	54	35	43	35
7	3	8	5	7

6	7	8	9	10
5	75	2	55	38
74	9	15	45	66
6	−21	36	6	5
14	37	48	59	9
9	7	5	6	−16

암산으로 계산하세요. (제한시간 3분)

1	2	3	4	5	6	7
8	6	7	9	7	6	7
7	3	9	6	7	3	8
1	8	3	7	2	2	6
3	4	7	5	9	9	5
6	7	8	4	8	8	3

2×8 =	2×9 =	3×9 =	3×1 =
2×5 =	2×2 =	3×5 =	3×4 =
2×7 =	2×6 =	3×0 =	3×8 =
2×1 =	2×0 =	3×2 =	3×6 =
2×4 =	2×3 =	3×7 =	3×3 =

주판으로 계산하세요. (제한시간 5분)

1	51 × 2 =	
2	60 × 3 =	
3	35 × 2 =	
4	48 × 3 =	
5	16 × 2 =	
6	23 × 3 =	
7	77 × 2 =	
8	83 × 3 =	
9	54 × 2 =	
10	92 × 3 =	
11	2 × 67 =	
12	3 × 80 =	
13	2 × 36 =	
14	3 × 43 =	

암산으로 계산하세요. (제한시간 5분)

1	28 × 2 =		
2	49 × 3 =		
3	70 × 2 =		
4	93 × 3 =		
5	52 × 2 =		
6	79 × 3 =		
7	94 × 2 =		
8	87 × 3 =		
9	31 × 2 =		
10	57 × 3 =		
11	2 × 46 =		
12	3 × 78 =		
13	2 × 60 =		
14	3 × 89 =		

공부한 날
월   일

100 만들기에 주의하여 주판으로 계산하세요.

주판으로 계산하세요. (제한시간 5분)

1	2	3	4	5
43	35	98	17	6
54	69	6	86	97
8	1	8	8	-2
94	88	95	4	99
5	7	5	88	5

6	7	8	9	10
37	79	5	68	59
69	24	12	-3	7
3	5	83	36	39
11	42	6	7	28
9	-50	2	12	5

암산으로 계산하세요. (제한시간 3분)

1	2	3	4	5	6	7
8	5	9	5	9	4	9
3	7	4	7	3	7	9
6	3	3	3	8	8	8
5	2	6	9	7	6	5
9	9	5	4	5	3	6

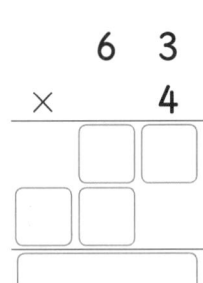

공부한 날   월   일

4단

$4 \times 1 =$
$4 \times 2 =$
$4 \times 3 =$
$4 \times 4 =$

```
    6  3
×      4
```

```
       4
×   8  9
```

$4 \times 5 =$
$4 \times 6 =$
$4 \times 7 =$
$4 \times 8 =$
$4 \times 9 =$

 주판으로 계산하세요. (제한시간 5분)

1	$81 \times 4 =$
2	$43 \times 4 =$
3	$76 \times 4 =$
4	$50 \times 4 =$
5	$62 \times 4 =$
6	$17 \times 4 =$
7	$94 \times 4 =$
8	$29 \times 4 =$
9	$35 \times 4 =$
10	$68 \times 4 =$
11	$4 \times 63 =$
12	$4 \times 89 =$
13	$4 \times 92 =$
14	$4 \times 10 =$

 암산으로 계산하세요. (제한시간 5분)

1	$25 \times 4 =$
2	$78 \times 4 =$
3	$45 \times 4 =$
4	$96 \times 4 =$
5	$40 \times 4 =$
6	$36 \times 4 =$
7	$59 \times 4 =$
8	$97 \times 4 =$
9	$13 \times 4 =$
10	$64 \times 4 =$
11	$4 \times 95 =$
12	$4 \times 69 =$
13	$4 \times 18 =$
14	$4 \times 28 =$

공부한 날   월   일

100 만들기에 주의하여 주판으로 계산하세요.

주판으로 계산하세요. (제한시간 5분)

1	2	3	4	5
53	16	8	47	37
86	88	79	−25	69
−9	−4	16	8	5
5	6	5	69	31
65	95	94	4	9

6	7	8	9	10
58	76	18	39	64
5	28	39	2	36
39	9	6	68	8
53	88	37	8	92
47	5	1	2	7

암산으로 계산하세요. (제한시간 3분)

1	2	3	4	5	6	7
8	8	6	4	5	8	4
3	6	8	7	4	3	2
6	2	5	8	3	7	9
5	4	7	6	9	2	8
9	5	4	9	8	5	3

공부한 날   월   일

4단

$4 \times 1 =$
$4 \times 2 =$
$4 \times 3 =$
$4 \times 4 =$

$$\begin{array}{r} 7\ 2 \\ \times\qquad 4 \\ \hline \end{array}$$

$$\begin{array}{r} 4 \\ \times\quad 1\ 6 \\ \hline \end{array}$$

$4 \times 5 =$
$4 \times 6 =$
$4 \times 7 =$
$4 \times 8 =$
$4 \times 9 =$

 주판으로 계산하세요. (제한시간 5분)

1	$86 \times 4 =$	
2	$59 \times 4 =$	
3	$46 \times 4 =$	
4	$13 \times 4 =$	
5	$62 \times 4 =$	
6	$50 \times 4 =$	
7	$75 \times 4 =$	
8	$91 \times 4 =$	
9	$36 \times 4 =$	
10	$87 \times 4 =$	
11	$4 \times 70 =$	
12	$4 \times 16 =$	
13	$4 \times 54 =$	
14	$4 \times 39 =$	

 암산으로 계산하세요. (제한시간 5분)

1	$57 \times 4 =$	
2	$29 \times 4 =$	
3	$34 \times 4 =$	
4	$73 \times 4 =$	
5	$26 \times 4 =$	
6	$83 \times 4 =$	
7	$60 \times 4 =$	
8	$92 \times 4 =$	
9	$18 \times 4 =$	
10	$43 \times 4 =$	
11	$4 \times 51 =$	
12	$4 \times 60 =$	
13	$4 \times 38 =$	
14	$4 \times 47 =$	

5의 짝 계산 (5의 활용 계산) ➡ 뺄셈

➡ 1에서 4까지의 수를 더하거나 뺄 때 아래알이 부족하여 윗알을 사용하여야 할 경우를 **5의 짝 계산**이라고 한다.

5의 짝 (합이 5가 되 기 위한 수)	4 + 1 3 + 2 (마주 보는 두 수가 서로 짝)
예제문제	**5의 짝 뺄셈(−)의 계산 방법**
9 − 2 − 4 ――――― 3	① 주판상 1의 자리에 엄지와 검지로 9를 놓는다. ② 엄지로 2를 뺀다. ③ 주판상의 답 7 : 아래알 2에서는 4를 뺄 수 없으므로 이때는 윗 　알 5를 활용하게 되는데, 검지로 윗알 5와 엄지로 1(4보다 1을 　더 뺀 수 : 4의 짝 1)을 동시에 한 동작으로 올려준다.(덧셈의 　반대동작)

짝의 수 덧셈 예제문제 그림 설명

- -

1.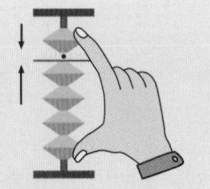
엄지와 검지로 9를 놓는다.
답 : 9

2.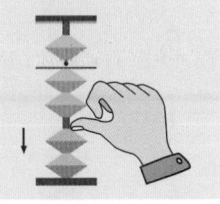
9에서 임지로 2를 내린다.
답 : 7

3.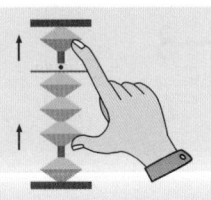
답 9에서는 4를 뺄 수 없으므로 검지는 윗알 5를, 엄지는 4의 짝 1을 동시에 올려준다.
답 : 3

Tip. $\left(\begin{smallmatrix}5\\-1\end{smallmatrix}\right)\left(\begin{smallmatrix}5\\-2\end{smallmatrix}\right)\left(\begin{smallmatrix}5\\-3\end{smallmatrix}\right)\left(\begin{smallmatrix}5\\-4\end{smallmatrix}\right)$ 운지 연습을 충분히 한 후 교재를 풉니다.

주판으로 계산하세요. (제한시간 5분)

1	2	3	4	5
6	7	8	2	6
2	−6	−7	6	−4
−3	4	4	−7	5
−2	−3	−3	4	−4
6	6	6	−3	1

6	7	8	9	10
5	6	3	1	2
−2	3	2	7	6
6	−4	−4	−3	−3
−4	−2	7	−4	−4
−3	6	−4	7	4

11	12	13	14	15
5	9	6	5	3
3	−2	−5	−1	2
−6	−6	4	2	−4
3	4	−3	−3	7
−4	−3	7	4	−4

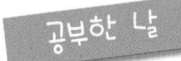

4단

4×1 =
4×2 =
4×3 =
4×4 =

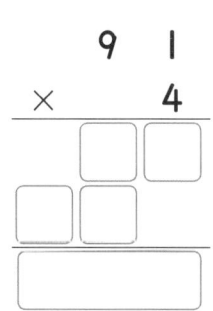

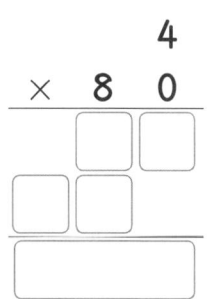

$$\begin{array}{r} 9\ 1 \\ \times\quad 4 \\ \hline \square\square \\ \square\square\ \ \\ \hline \end{array}$$

$$\begin{array}{r} 4 \\ \times\ 8\ 0 \\ \hline \square\square \\ \square\square\ \ \\ \hline \end{array}$$

4×5 =
4×6 =
4×7 =
4×8 =
4×9 =

주판으로 계산하세요. (제한시간 5분)

1	49 × 4 =	
2	81 × 4 =	
3	34 × 4 =	
4	78 × 4 =	
5	42 × 4 =	
6	65 × 4 =	
7	96 × 4 =	
8	10 × 4 =	
9	23 × 4 =	
10	57 × 4 =	
11	4 × 91 =	
12	4 × 85 =	
13	4 × 67 =	
14	4 × 48 =	

암산으로 계산하세요. (제한시간 5분)

1	75 × 4 =		
2	53 × 4 =		
3	12 × 4 =		
4	77 × 4 =		
5	86 × 4 =		
6	95 × 4 =		
7	38 × 4 =		
8	63 × 4 =		
9	28 × 4 =		
10	46 × 4 =		
11	4 × 61 =		
12	4 × 45 =		
13	4 × 20 =		
14	4 × 36 =		

주판으로 계산하세요. (제한시간 5분)

1	2	3	4	5
8	8	5	1	6
−4	−2	−3	4	−3
2	−3	6	−4	3
−3	4	−1	5	−4
6	−6	2	−2	4

6	7	8	9	10
9	8	7	9	9
−4	−3	−4	−4	−3
−3	−4	3	−3	−4
4	4	−5	4	4
−2	−2	4	3	−2

11	12	13	14	15
5	4	6	6	3
−4	2	−3	−3	2
5	−1	5	4	−4
−3	−1	−4	−3	5
2	2	3	1	−2

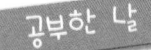

두 자리 수 × 한 자리 수(4단)

공부한 날 월 일

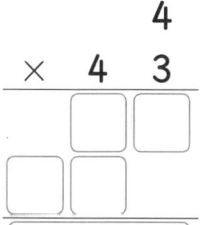

4단

4×1 =
4×2 =
4×3 =
4×4 =

$$\begin{array}{r} 68 \\ \times \quad 4 \\ \hline \square\square \\ \square\square \\ \hline \square \end{array}$$

$$\begin{array}{r} 4 \\ \times \quad 43 \\ \hline \square\square \\ \square\square \\ \hline \square \end{array}$$

4×5 =
4×6 =
4×7 =
4×8 =
4×9 =

주판으로 계산하세요. (제한시간 5분)

1	62 × 4 =	
2	14 × 4 =	
3	37 × 4 =	
4	92 × 4 =	
5	73 × 4 =	
6	59 × 4 =	
7	75 × 4 =	
8	29 × 4 =	
9	60 × 4 =	
10	47 × 4 =	
11	4 × 68 =	
12	4 × 40 =	
13	4 × 94 =	
14	4 × 18 =	

암산으로 계산하세요. (제한시간 5분)

1	82 × 4 =		
2	25 × 4 =		
3	72 × 4 =		
4	39 × 4 =		
5	66 × 4 =		
6	85 × 4 =		
7	90 × 4 =		
8	81 × 4 =		
9	16 × 4 =		
10	49 × 4 =		
11	4 × 69 =		
12	4 × 24 =		
13	4 × 52 =		
14	4 × 80 =		

공부한 날 　　월 　　일

주판으로 계산하세요. (제한시간 5분)

1	2	3	4	5
8	8	5	7	1
−4	−2	−1	−3	4
2	−5	−3	5	−4
−4	4	4	−8	−1
3	−3	−1	6	3

6	7	8	9	10
7	8	8	1	7
−5	−2	−7	4	−3
3	−3	4	−4	2
−1	4	−1	5	−3
3	−6	2	−5	2

11	12	13	14	15
5	8	7	9	5
−2	−3	−3	−4	−1
2	−4	1	−3	−2
−4	4	−1	4	3
4	−3	3	1	−1

2위 × 1위(2, 3, 4단)

공부한 날 월 일

2×6 =	3×7 =	4×4 =	2×9 =
2×4 =	3×9 =	4×3 =	3×8 =
2×8 =	3×3 =	4×5 =	4×6 =
2×7 =	3×5 =	4×9 =	3×4 =
2×5 =	3×6 =	4×7 =	2×3 =

주판으로 계산하세요. (제한시간 5분)

1	70 × 2 =	
2	21 × 3 =	
3	97 × 4 =	
4	82 × 2 =	
5	14 × 3 =	
6	38 × 4 =	
7	65 × 2 =	
8	19 × 3 =	
9	42 × 4 =	
10	29 × 2 =	
11	3 × 60 =	
12	4 × 25 =	
13	2 × 32 =	
14	3 × 94 =	

암산으로 계산하세요. (제한시간 5분)

1	95 × 4 =		
2	20 × 2 =		
3	15 × 3 =		
4	52 × 4 =		
5	47 × 2 =		
6	84 × 3 =		
7	91 × 4 =		
8	68 × 2 =		
9	39 × 3 =		
10	26 × 4 =		
11	2 × 72 =		
12	3 × 40 =		
13	4 × 13 =		
14	2 × 95 =		

 주판으로 계산하세요. (제한시간 5분)

1	2	3	4	5
5	2	5	5	3
−3	4	3	−1	3
4	−3	−4	1	−2
−5	1	2	2	1
4	−2	−3	−3	−4

6	7	8	9	10
3	7	5	5	7
3	−5	−2	3	−4
−2	4	3	−4	2
4	−3	1	−3	−5
−5	2	−4	4	2

11	12	13	14	15
45	75	46	25	24
−11	−54	−22	32	41
23	38	43	−44	−23

 2위 × 1위(2, 3, 4단)

공부한 날   월   일

2×9 =	3×5 =	4×3 =	2×6 =
2×7 =	3×7 =	4×7 =	3×6 =
2×5 =	3×4 =	4×9 =	4×4 =
2×4 =	3×9 =	4×6 =	3×3 =
2×3 =	3×8 =	4×5 =	2×2 =

 주판으로 계산하세요. (제한시간 5분)

1	51 × 2 =
2	69 × 3 =
3	30 × 4 =
4	48 × 2 =
5	16 × 3 =
6	23 × 4 =
7	76 × 2 =
8	83 × 3 =
9	54 × 4 =
10	92 × 2 =
11	3 × 67 =
12	4 × 86 =
13	2 × 29 =
14	3 × 40 =

 암산으로 계산하세요. (제한시간 5분)

1	28 × 4 =
2	49 × 2 =
3	75 × 3 =
4	90 × 4 =
5	52 × 2 =
6	79 × 3 =
7	26 × 4 =
8	87 × 2 =
9	31 × 3 =
10	57 × 4 =
11	2 × 46 =
12	3 × 78 =
13	4 × 62 =
14	2 × 80 =

공부한 날 월 일

주판으로 계산하세요. (제한시간 5분)

1	2	3	4	5
32 64 −53	37 −14 32	12 41 −12	95 −71 42	12 43 −31

6	7	8	9	10
24 31 −21	78 −47 14	13 64 −53	47 21 −24	24 51 −34

11	12	13	14	15
23 31 −21	37 −14 23	26 −14 23	88 −74 31	25 31 −12

16	17	18	19	20
28 41 −37	75 −42 23	23 13 −23	95 −62 21	22 34 −15

두 자리 수 × 한 자리 수(5단)

공부한 날 월 일

5단

5×1 =
5×2 =
5×3 =
5×4 =

$$\begin{array}{r} 17 \\ \times \quad 5 \\ \hline \end{array}$$

$$\begin{array}{r} 5 \\ \times \quad 52 \\ \hline \end{array}$$

5×5 =
5×6 =
5×7 =
5×8 =
5×9 =

주판으로 계산하세요. (제한시간 5분)

1	29 × 5 =	
2	43 × 5 =	
3	76 × 5 =	
4	54 × 5 =	
5	60 × 5 =	
6	17 × 5 =	
7	94 × 5 =	
8	81 × 5 =	
9	35 × 5 =	
10	68 × 5 =	
11	5 × 71 =	
12	5 × 89 =	
13	5 × 92 =	
14	5 × 16 =	

암산으로 계산하세요. (제한시간 5분)

1	37 × 5 =		
2	24 × 5 =		
3	83 × 5 =		
4	42 × 5 =		
5	78 × 5 =		
6	30 × 5 =		
7	59 × 5 =		
8	97 × 5 =		
9	13 × 5 =		
10	64 × 5 =		
11	5 × 90 =		
12	5 × 69 =		
13	5 × 18 =		
14	5 × 63 =		

공부한 날 월 일

주판으로 계산하세요. (제한시간 5분)

1	2	3	4	5
43 13 −11	85 −74 42	38 41 −37	74 13 −43	43 13 −42

6	7	8	9	10
32 13 −12	79 −45 34	68 −44 33	84 −43 12	55 −12 24

11	12	13	14	15
13 22 −21	85 −61 11	12 23 −14	78 −14 22	72 14 −63

16	17	18	19	20
72 −31 14	58 −17 42	42 54 −12	14 62 −54	53 −12 47

두 자리 수 × 한 자리 수(5단)

5단

5×1 =
5×2 =
5×3 =
5×4 =

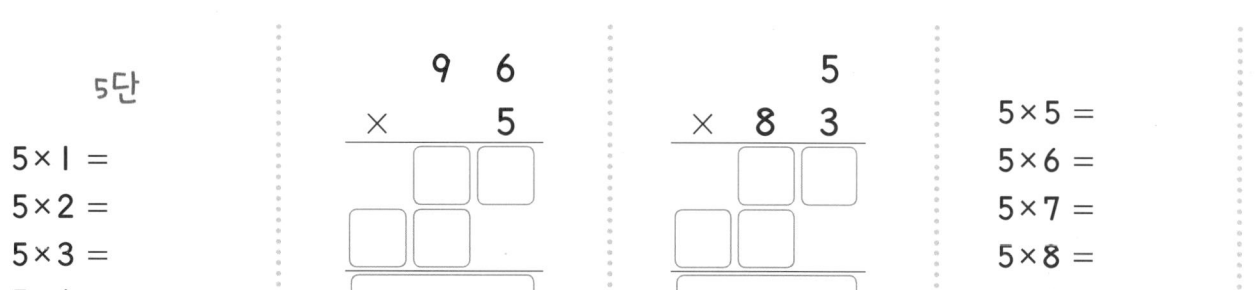

		9	6
×			5
		□	□
	□	□	
	□		

			5
×		8	3
		□	□
	□	□	
	□		

5×5 =
5×6 =
5×7 =
5×8 =
5×9 =

주판으로 계산하세요. (제한시간 5분)

1	62 × 5 =	
2	59 × 5 =	
3	46 × 5 =	
4	13 × 5 =	
5	86 × 5 =	
6	53 × 5 =	
7	70 × 5 =	
8	91 × 5 =	
9	36 × 5 =	
10	87 × 5 =	
11	5 × 72 =	
12	5 × 10 =	
13	5 × 54 =	
14	5 × 39 =	

암산으로 계산하세요. (제한시간 5분)

1	73 × 5 =		
2	58 × 5 =		
3	34 × 5 =		
4	57 × 5 =		
5	28 × 5 =		
6	83 × 5 =		
7	65 × 5 =		
8	90 × 5 =		
9	18 × 5 =		
10	43 × 5 =		
11	5 × 51 =		
12	5 × 69 =		
13	5 × 30 =		
14	5 × 56 =		

주판으로 계산하세요. (제한시간 5분)

1	2	3	4	5
62	87	43	85	55
14	−34	13	−42	−12
−24	32	−12	12	13

6	7	8	9	10
35	57	23	85	25
23	−14	33	−53	43
−14	13	−42	14	−34

11	12	13	14	15
26	86	23	42	37
−12	−74	42	25	−24
51	33	−13	−43	82

16	17	18	19	20
25	75	31	57	53
43	−41	34	−25	−21
−44	21	−21	24	32

두 자리 수 × 한 자리 수(5단)

공부한 날 월 일

5단

5×1 =
5×2 =
5×3 =
5×4 =

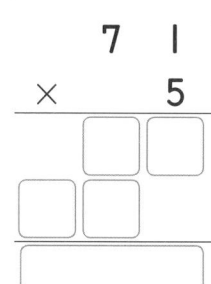

	7	1
×		5
	□	□
□	□	
□		

		5
×	2	8
	□	□
□	□	
□		

5×5 =
5×6 =
5×7 =
5×8 =
5×9 =

주판으로 계산하세요. (제한시간 5분)

1	42 × 5 =	
2	81 × 5 =	
3	34 × 5 =	
4	78 × 5 =	
5	49 × 5 =	
6	65 × 5 =	
7	96 × 5 =	
8	15 × 5 =	
9	20 × 5 =	
10	57 × 5 =	
11	5 × 91 =	
12	5 × 85 =	
13	5 × 67 =	
14	5 × 40 =	

암산으로 계산하세요. (제한시간 5분)

1	38 × 5 =		
2	53 × 5 =		
3	12 × 5 =		
4	43 × 5 =		
5	86 × 5 =		
6	95 × 5 =		
7	75 × 5 =		
8	63 × 5 =		
9	21 × 5 =		
10	40 × 5 =		
11	5 × 61 =		
12	5 × 45 =		
13	5 × 27 =		
14	5 × 36 =		

주판으로 계산하세요. (제한시간 5분)

1	2	3	4	5
55	87	52	86	65
−41	−54	14	−74	−51
62	22	−33	43	41
−31	−15	51	−12	−11

6	7	8	9	10
61	59	98	12	58
14	−14	−32	47	−44
−34	23	−33	−22	63
25	−32	24	−24	−35

11	12	13	14	15
82	35	25	37	85
14	23	43	−24	−53
−34	−14	−24	42	14
−41	24	−12	−12	−25

두 자리 수 × 한 자리 수(5단)

 공부한 날   월   일

5단

5×1 =
5×2 =
5×3 =
5×4 =

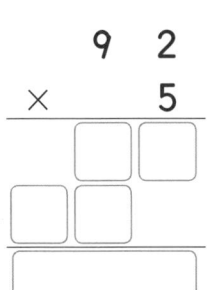

```
    9  2
×      5
```

```
       5
×   1  7
```

5×5 =
5×6 =
5×7 =
5×8 =
5×9 =

 주판으로 계산하세요. (제한시간 5분)

1	50 × 5 =	
2	14 × 5 =	
3	37 × 5 =	
4	92 × 5 =	
5	73 × 5 =	
6	62 × 5 =	
7	88 × 5 =	
8	29 × 5 =	
9	64 × 5 =	
10	47 × 5 =	
11	5 × 60 =	
12	5 × 43 =	
13	5 × 94 =	
14	5 × 18 =	

 암산으로 계산하세요. (제한시간 5분)

1	66 × 5 =	
2	25 × 5 =	
3	70 × 5 =	
4	39 × 5 =	
5	82 × 5 =	
6	49 × 5 =	
7	97 × 5 =	
8	81 × 5 =	
9	16 × 5 =	
10	85 × 5 =	
11	5 × 69 =	
12	5 × 24 =	
13	5 × 55 =	
14	5 × 80 =	

공부한 날 월 일

주판으로 계산하세요. (제한시간 5분)

1	2	3	4	5
95	31	31	23	25
−62	34	24	33	−11
13	−21	−11	−42	32
11	42	21	31	−14

6	7	8	9	10
78	87	58	59	95
13	−24	−14	−14	−71
−34	−52	42	31	−13
24	44	−53	−23	47

11	12	13	14	15
67	97	99	35	85
−23	−53	−33	−11	−23
32	25	−34	24	16
−43	−56	44	−32	−31

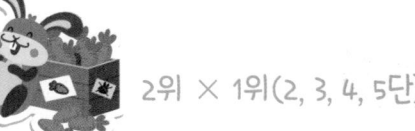

2위 × 1위(2, 3, 4, 5단)

3×8 =	4×9 =	5×4 =	2×8 =
3×4 =	4×2 =	5×6 =	3×6 =
3×9 =	4×6 =	5×9 =	4×7 =
3×7 =	4×8 =	5×3 =	5×7 =
3×5 =	4×5 =	5×8 =	2×9 =

주판으로 계산하세요. (제한시간 5분)

1	38 × 2 =	
2	21 × 3 =	
3	97 × 4 =	
4	80 × 5 =	
5	14 × 2 =	
6	73 × 3 =	
7	65 × 4 =	
8	19 × 5 =	
9	42 × 2 =	
10	29 × 3 =	
11	4 × 64 =	
12	5 × 25 =	
13	2 × 32 =	
14	3 × 90 =	

암산으로 계산하세요. (제한시간 5분)

1	15 × 2 =		
2	24 × 3 =		
3	95 × 4 =		
4	52 × 5 =		
5	40 × 2 =		
6	84 × 3 =		
7	91 × 4 =		
8	68 × 5 =		
9	39 × 2 =		
10	26 × 3 =		
11	4 × 72 =		
12	5 × 28 =		
13	2 × 13 =		
14	3 × 62 =		

주판으로 계산하세요. (제한시간 5분)

1	2	3	4	5
57 −15 24 −13	75 −41 23 −15	25 43 −34 11	64 −41 32 −23	57 −14 43 −12

6	7	8	9	10
12 43 −42 52	95 −42 32 −24	84 −21 −32 45	21 74 −24 −41	87 −43 31 −51

11	12	13	14	15
24 43 −44 −13	55 −31 62 −45	54 31 −43 25	79 −48 24 −21	55 −31 43 −56

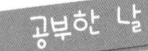

2위 × 1위(2, 3, 4, 5단)

공부한 날 월 일

3×3 =	4×7 =	5×2 =	2×5 =
3×6 =	4×9 =	5×9 =	3×7 =
3×8 =	4×5 =	5×6 =	4×6 =
3×4 =	4×3 =	5×5 =	5×3 =
3×9 =	4×8 =	5×7 =	2×6 =

주판으로 계산하세요. (제한시간 5분)

1	54 × 2 =	
2	69 × 3 =	
3	35 × 4 =	
4	48 × 5 =	
5	16 × 2 =	
6	20 × 3 =	
7	76 × 4 =	
8	83 × 5 =	
9	51 × 2 =	
10	92 × 3 =	
11	4 × 60 =	
12	5 × 86 =	
13	2 × 29 =	
14	3 × 43 =	

암산으로 계산하세요. (제한시간 5분)

1	28 × 2 =		
2	31 × 3 =		
3	75 × 4 =		
4	93 × 5 =		
5	52 × 2 =		
6	79 × 3 =		
7	20 × 4 =		
8	87 × 5 =		
9	49 × 2 =		
10	57 × 3 =		
11	4 × 46 =		
12	5 × 70 =		
13	2 × 62 =		
14	3 × 98 =		

공부한 날 월 일

주판으로 계산하세요. (제한시간 5분)

1	2	3	4	5
85	78	87	98	59
−31	−42	−45	−64	−14
−42	−24	23	−14	−31
53	46	−31	33	64

6	7	8	9	10
72	42	67	43	73
22	23	−24	42	−31
−41	−51	13	−61	23
12	12	21	31	−31

11	12	13	14	15
58	65	45	86	57
−16	−31	23	−74	−14
25	63	−64	43	13
−14	−54	51	−12	12

두 자리 수 × 한 자리 수(6단)

공부한 날 월 일

6단

6×1 =
6×2 =
6×3 =
6×4 =

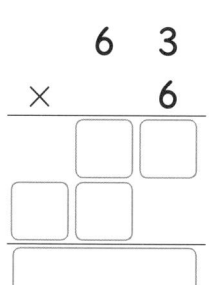

$$\begin{array}{r} 63 \\ \times \quad 6 \\ \hline \square\square \\ \square\square \\ \hline \square \end{array}$$

$$\begin{array}{r} 6 \\ \times \quad 89 \\ \hline \square\square \\ \square\square \\ \hline \square \end{array}$$

6×5 =
6×6 =
6×7 =
6×8 =
6×9 =

주판으로 계산하세요. (제한시간 5분)

1	29 × 6 =	
2	43 × 6 =	
3	54 × 6 =	
4	62 × 6 =	
5	17 × 6 =	
6	94 × 6 =	
7	80 × 6 =	
8	35 × 6 =	
9	68 × 6 =	
10	48 × 6 =	
11	6 × 63 =	
12	6 × 89 =	
13	6 × 90 =	
14	6 × 16 =	

암산으로 계산하세요. (제한시간 5분)

1	25 × 6 =		
2	34 × 6 =		
3	88 × 6 =		
4	75 × 6 =		
5	42 × 6 =		
6	36 × 6 =		
7	59 × 6 =		
8	97 × 6 =		
9	10 × 6 =		
10	64 × 6 =		
11	6 × 95 =		
12	6 × 18 =		
13	6 × 69 =		
14	6 × 30 =		

공부한 날 월 일

주판으로 계산하세요. (제한시간 5분)

1	2	3	4	5
31	57	53	25	75
34	−25	−21	43	−41
−21	24	32	−44	21
42	−13	11	−13	−31

6	7	8	9	10
35	76	65	95	87
42	−33	−43	−41	−24
−25	42	67	−12	−51
34	−11	−56	21	63

암산으로 계산하세요. (제한시간 3분)

1	2	3	4	5	6	7
4	6	7	9	2	7	6
3	4	3	4	3	5	9
2	9	6	6	9	8	7
7	5	5	8	6	9	8
9	8	4	2	4	2	3

두 자리 수 × 한 자리 수(6단)

 공부한 날   월   일

6단

6×1 =
6×2 =
6×3 =
6×4 =

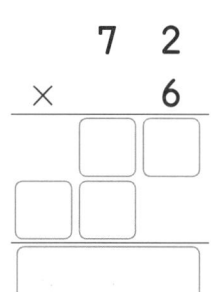

```
    7  2
 ×     6
```

```
       6
 ×  1  6
```

6×5 =
6×6 =
6×7 =
6×8 =
6×9 =

 주판으로 계산하세요. (제한시간 5분)

1	62 × 6 =
2	59 × 6 =
3	37 × 6 =
4	13 × 6 =
5	86 × 6 =
6	58 × 6 =
7	75 × 6 =
8	91 × 6 =
9	36 × 6 =
10	80 × 6 =
11	6 × 72 =
12	6 × 16 =
13	6 × 54 =
14	6 × 39 =

 암산으로 계산하세요. (제한시간 5분)

1	70 × 6 =
2	52 × 6 =
3	46 × 6 =
4	57 × 6 =
5	28 × 6 =
6	83 × 6 =
7	65 × 6 =
8	92 × 6 =
9	18 × 6 =
10	43 × 6 =
11	6 × 50 =
12	6 × 69 =
13	6 × 38 =
14	6 × 47 =

주판으로 계산하세요. (제한시간 5분)

1	2	3	4	5
55	87	77	86	67
−31	−14	−35	−42	−34
61	−52	23	−13	42
−44	34	−31	34	−51

6	7	8	9	10
75	95	51	68	58
−35	−41	43	−25	−34
48	21	−31	13	51
−54	−43	52	−42	−31

암산으로 계산하세요. (제한시간 3분)

1	2	3	4	5	6	7
2	8	4	6	3	9	7
9	7	2	7	9	4	5
5	9	9	5	6	8	6
4	6	6	9	8	5	9
8	5	8	8	4	6	8

두 자리 수 × 한 자리 수(6단)

공부한 날 월 일

6단

6×1 =
6×2 =
6×3 =
6×4 =

$$\begin{array}{r} 9\ 1 \\ \times\quad 6 \\ \hline \square\square \\ \square\square\ \ \\ \hline \square \end{array}$$

$$\begin{array}{r} 6 \\ \times\ 8\ 0 \\ \hline \square\square \\ \square\square\ \ \\ \hline \square \end{array}$$

6×5 =
6×6 =
6×7 =
6×8 =
6×9 =

주판으로 계산하세요. (제한시간 5분)

1	42 × 6 =	
2	80 × 6 =	
3	34 × 6 =	
4	78 × 6 =	
5	49 × 6 =	
6	65 × 6 =	
7	96 × 6 =	
8	15 × 6 =	
9	23 × 6 =	
10	57 × 6 =	
11	6 × 91 =	
12	6 × 80 =	
13	6 × 67 =	
14	6 × 48 =	

암산으로 계산하세요. (제한시간 5분)

1	38 × 6 =		
2	53 × 6 =		
3	10 × 6 =		
4	77 × 6 =		
5	86 × 6 =		
6	95 × 6 =		
7	75 × 6 =		
8	63 × 6 =		
9	21 × 6 =		
10	46 × 6 =		
11	6 × 61 =		
12	6 × 45 =		
13	6 × 20 =		
14	6 × 36 =		

종합 연습문제 1

공부한 날

월   일

주판으로 계산하세요. (제한시간 5분)

1	2	3	4	5
22	11	79	36	35
23	34	−66	21	22
14	−13	32	−12	−32
−23	21	14	57	68

6	7	8	9	10
13	52	68	86	76
42	34	−41	−53	−24
−11	−24	32	42	43
21	12	−14	−12	−31

암산으로 계산하세요. (제한시간 3분)

1	2	3	4	5	6	7
6	4	9	8	8	4	8
−2	1	−6	−7	9	1	−4
7	−3	2	4	−4	−2	2
4	1	−1	−1	2	6	−3
−2	−2	2	1	3	−3	1

두 자리 수 × 한 자리 수(6단)

공부한 날   월   일

6단

6×1 =
6×2 =
6×3 =
6×4 =

```
    6  8
  ×    6
```

```
       6
  ×  4  3
```

6×5 =
6×6 =
6×7 =
6×8 =
6×9 =

 주판으로 계산하세요. (제한시간 5분)

1	59 × 6 =
2	14 × 6 =
3	37 × 6 =
4	90 × 6 =
5	73 × 6 =
6	62 × 6 =
7	88 × 6 =
8	29 × 6 =
9	64 × 6 =
10	47 × 6 =
11	6 × 68 =
12	6 × 43 =
13	6 × 89 =
14	6 × 10 =

 암산으로 계산하세요. (제한시간 5분)

1	16 × 6 =
2	25 × 6 =
3	72 × 6 =
4	39 × 6 =
5	80 × 6 =
6	49 × 6 =
7	97 × 6 =
8	81 × 6 =
9	67 × 6 =
10	85 × 6 =
11	6 × 69 =
12	6 × 24 =
13	6 × 93 =
14	6 × 87 =

주판으로 계산하세요. (제한시간 5분)

1	2	3	4	5
22	21	79	36	35
23	34	−46	21	−11
−14	−13	32	−14	32
28	21	14	12	−13

6	7	8	9	10
75	75	52	68	75
−51	−41	34	−47	−41
42	23	−12	35	13
−31	−16	21	−12	12

 암산으로 계산하세요. (제한시간 3분)

1	2	3	4	5	6	7
6	7	8	1	8	8	9
−3	−4	−2	4	7	−4	5
4	3	−3	−3	−2	−1	1
−4	−3	4	4	−3	3	−2
5	6	1	−2	4	1	3

2위 × 1위(2, 3, 4, 5, 6단)

공부한 날   월   일

3×3 =	5×3 =	6×6 =	2×7 =
3×6 =	5×8 =	6×2 =	3×8 =
3×8 =	5×5 =	6×8 =	4×4 =
3×4 =	5×7 =	6×7 =	5×6 =
3×9 =	5×4 =	6×4 =	6×9 =

 주판으로 계산하세요. (제한시간 5분)

1	38 × 2 =	
2	21 × 3 =	
3	97 × 4 =	
4	82 × 5 =	
5	14 × 6 =	
6	70 × 2 =	
7	65 × 3 =	
8	19 × 4 =	
9	42 × 5 =	
10	29 × 6 =	
11	2 × 60 =	
12	3 × 25 =	
13	4 × 78 =	
14	5 × 94 =	

 암산으로 계산하세요. (제한시간 5분)

1	15 × 2 =	
2	24 × 3 =	
3	95 × 4 =	
4	52 × 5 =	
5	47 × 6 =	
6	84 × 2 =	
7	90 × 3 =	
8	68 × 4 =	
9	39 × 5 =	
10	26 × 6 =	
11	2 × 72 =	
12	3 × 80 =	
13	4 × 13 =	
14	5 × 87 =	

공부한 날

월   일

주판으로 계산하세요. (제한시간 5분)

1	2	3	4	5
58 -13 42 -43	97 -34 -51 45	78 -35 23 -32	85 -41 -13 24	95 -41 -13 25

6	7	8	9	10
42 13 21 -15	89 -27 12 21	58 21 -56 33	73 12 -65 36	98 -77 43 11

암산으로 계산하세요. (제한시간 3분)

1	2	3	4	5	6	7
8 -6 -1 4 3	9 -4 -1 3 1	8 -4 1 -3 5	9 -3 -4 3 2	9 -5 1 -1 2	8 -4 -1 3 1	7 -4 2 -3 5

2위 × 1위(2, 3, 4, 5, 6단)

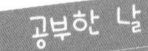

공부한 날   월   일

4×6 =	5×8 =	6×4 =	2×8 =
4×9 =	5×3 =	6×7 =	3×7 =
4×2 =	5×7 =	6×9 =	4×5 =
4×7 =	5×5 =	6×3 =	5×6 =
4×4 =	5×9 =	6×6 =	6×8 =

 주판으로 계산하세요. (제한시간 5분)

1	54 × 2 =	
2	69 × 3 =	
3	35 × 4 =	
4	48 × 5 =	
5	16 × 6 =	
6	23 × 2 =	
7	76 × 3 =	
8	80 × 4 =	
9	51 × 5 =	
10	92 × 6 =	
11	2 × 67 =	
12	3 × 86 =	
13	4 × 20 =	
14	5 × 43 =	

 암산으로 계산하세요. (제한시간 5분)

1	28 × 2 =	
2	31 × 3 =	
3	75 × 4 =	
4	93 × 5 =	
5	52 × 6 =	
6	79 × 2 =	
7	26 × 3 =	
8	87 × 4 =	
9	40 × 5 =	
10	57 × 6 =	
11	2 × 46 =	
12	3 × 78 =	
13	4 × 62 =	
14	5 × 80 =	

공부한 날

월   일

 주판으로 계산하세요. (제한시간 5분)

1	2	3	4	5
37	37	68	84	21
22	−15	−16	12	44
−47	64	33	−65	−61
63	−12	−42	34	32

6	7	8	9	10
32	97	22	74	32
24	−72	41	−43	64
−52	41	−12	23	−55
61	12	36	12	16

 암산으로 계산하세요. (제한시간 3분)

1	2	3	4	5	6	7
6	8	9	7	6	8	6
−3	−4	−4	−3	−2	−1	3
4	−1	−1	2	2	−4	−2
−4	3	2	−3	−3	3	−3
8	−3	9	8	7	5	4

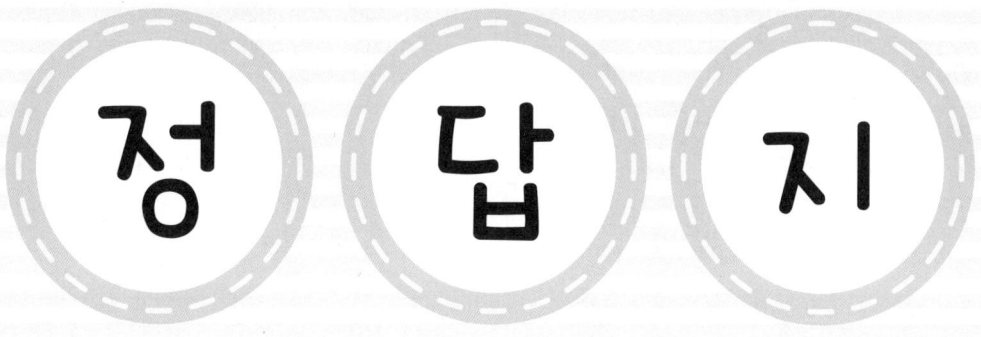

으뜸 매직 셈 ③단계

정 답 지

3쪽

×	0	1	2	3	4	5	6	7	8	9
2	00	02	04	06	08	10	12	14	16	18

×	3	5	1	0	8	9	7	6	4	2
4	12	20	04	00	32	36	28	24	16	08

×	7	2	9	8	3	4	1	6	0	5
6	42	12	54	48	18	24	06	36	00	30

×	3	2	8	5	4	7	9	0	1	6
8	24	16	64	40	32	56	72	00	08	48

×	4	2	8	9	5	7	6	1	0	3
5	20	10	40	45	25	35	30	05	00	15

×	6	0	9	2	7	8	3	4	1	5
3	18	00	27	06	21	24	09	12	03	15

×	3	6	7	0	2	8	5	1	4	9
7	21	42	49	00	14	56	35	07	28	63

×	4	3	2	8	1	9	0	6	7	5
9	36	27	18	72	09	81	00	54	63	45

5쪽

1 20+6=26
2 80+4=84 / 2
3 140+2=142 / 4
4 160+6=166 / 6
5 100+8=108 / 8
6 140+8=148 / 10
7 140+18=158 / 12
8 100+16=116 / 14
9 120+0=120 / 16
10 60+18=78 / 18
11 120+14=134
12 40+16=56 / 20
13 60+12=72 / 40
14 20+18=38 / 60
15 160+8=168 / 80
16 80+16=96 / 100
17 100+10=110 / 120
18 160+14=174 / 140

6쪽

1 174 2 138 3 192 4 156 5 116
6 118 7 130 8 190 9 128 10 146
11 164 12 182

1 30 2 50 3 70 4 90 5 76
6 98 7 74 8 56 9 22 10 44
11 66 12 88

7쪽

1 127 2 131 3 127 4 93 5 135
6 131 7 119 8 137 9 104 10 167

1 31 2 27 3 20 4 24 5 29
6 30 7 18

8쪽

2단	5 7	2	2×5=10
2×1=2	× 2	× 4 6	2×6=12
2×2=4	1 4	1 2	2×7=14
2×3=6	1 0	8	2×8=16
2×4=8	1 1 4	9 2	2×9=18

1 48 2 100 3 92 4 186 5 124
6 116 7 150 8 182 9 72 10 174
11 140 12 32 13 108 14 78

1 146 2 112 3 180 4 114 5 166
6 74 7 130 8 184 9 36 10 156
11 104 12 120 13 76 14 94

9쪽

1 140 2 165 3 133 4 63 5 156
6 167 7 169 8 181 9 150 10 182

1 21 2 29 3 23 4 26 5 27
6 27 7 23

10쪽

2단	4 8	2	2×5=10
2×1=2	× 2	× 1 9	2×6=12
2×2=4	1 6	1 8	2×7=14
2×3=6	8	2	2×8=16
2×4=8	9 6	3 8	2×9=18

1 114 2 162 3 68 4 140 5 84
6 130 7 192 8 30 9 152 10 108
11 182 12 160 13 52 14 96

1 92 2 106 3 150 4 190 5 160
6 154 7 76 8 126 9 98 10 74
11 122 12 90 13 20 14 72

11쪽

1 181 2 27 3 241 4 148 5 208
6 155 7 112 8 99 9 156 10 198

1 27 2 28 3 26 4 24 5 28
6 26 7 29

12쪽

```
  2단            6 0              2      2×5=10
2×1=2      ×     2      ×  8 9           2×6=12
2×2=4            0         1 8           2×7=14
2×3=6        1 2         1 6             2×8=16
2×4=8        1 2 0       1 7 8           2×9=18
```

1	124	2	178	3	74	4	184	5	146
6	100	7	30	8	58	9	128	10	94
11	102	12	86	13	188	14	20		

1	78	2	50	3	144	4	164	5	132
6	170	7	180	8	162	9	32	10	98
11	138	12	116	13	186	14	174		

13쪽

1	62	2	115	3	68	4	136	5	117
6	213	7	119	8	162	9	84	10	193

1	26	2	27	3	27	4	17	5	32
6	29	7	27						

14쪽

```
  3단            6 3              3      3×5=15
3×1=3      ×     3      ×  8 9           3×6=18
3×2=6            9         2 7           3×7=21
3×3=9        1 8         2 4             3×8=24
3×4=12       1 8 9       2 6 7           3×9=27
```

1	240	2	129	3	228	4	162	5	186
6	51	7	282	8	87	9	105	10	204
11	180	12	267	13	276	14	48		

1	75	2	180	3	252	4	225	5	126
6	108	7	177	8	291	9	45	10	192
11	285	12	180	13	54	14	237		

15쪽

1	161	2	179	3	147	4	102	5	124
6	178	7	173	8	127	9	114	10	182

1	30	2	32	3	24	4	28	5	29
6	35	7	21						

16쪽

```
  3단            7 2              3      3×5=15
3×1=3      ×     3      ×  1 6           3×6=18
3×2=6            6         1 8           3×7=21
3×3=9        2 1           3             3×8=24
3×4=12       2 1 6         4 8           3×9=27
```

1	258	2	177	3	120	4	39	5	201
6	174	7	225	8	273	9	108	10	261
11	216	12	48	13	150	14	213		

1	171	2	267	3	144	4	210	5	78
6	249	7	195	8	276	9	54	10	129
11	153	12	207	13	141	14	90		

17쪽

1	52	2	64	3	86	4	10	5	79
6	53	7	81	8	15	9	71	10	54

1	27	2	35	3	25	4	30	5	28
6	18	7	29						

18쪽

```
  3단            9 1              3      3×5=15
3×1=3      ×     3      ×  8·5           3×6=18
3×2=6            3         1 5           3×7=21
3×3=9        2 7         2 4             3×8=24
3×4=12       2 7 3       2 5 5           3×9=27
```

1	147	2	243	3	102	4	234	5	120
6	195	7	288	8	45	9	69	10	171
11	270	12	255	13	201	14	144		

1	225	2	159	3	36	4	231	5	258
6	270	7	114	8	189	9	63	10	138
11	183	12	120	13	81	14	108		

19쪽

1	93	2	82	3	95	4	66	5	79
6	64	7	56	8	52	9	62	10	113

1	26	2	29	3	28	4	25	5	26
6	27	7	25						

20쪽

3단

3×1=3
3×2=6
3×3=9
3×4=12

$$\begin{array}{r} 6\ 8 \\ \times\quad 3 \\ \hline 2\ 4 \\ 1\ 8\ \ \\ \hline 2\ 0\ 4 \end{array} \qquad \begin{array}{r} 3 \\ \times\ 4\ 3 \\ \hline 9 \\ 1\ 2\ \ \\ \hline 1\ 2\ 9 \end{array}$$

3×5=15
3×6=18
3×7=21
3×8=24
3×9=27

1 186	2 42	3 111	4 276	5 219
6 177	7 180	8 87	9 192	10 141
11 204	12 129	13 270	14 54	

1 246	2 75	3 216	4 117	5 138
6 255	7 291	8 240	9 48	10 147
11 207	12 72	13 165	14 240	

21쪽

1 80	2 84	3 58	4 50	5 31
6 92	7 59	8 97	9 91	10 81

1 30	2 23	3 26	4 32	5 22
6 24	7 31			

22쪽

2×9=18	2×7=14	3×5=15	3×8=24
2×4=8	2×2=4	3×6=18	3×1=3
2×6=12	2×8=16	3×4=12	3×0=0
2×3=6	2×1=2	3×9=27	3×3=9
2×0=0	2×5=10	3×2=6	3×7=21

1 146	2 63	3 194	4 246	5 28
6 114	7 130	8 57	9 80	10 87
11 128	12 75	13 64	14 282	

1 180	2 72	3 30	4 189	5 94
6 252	7 182	8 204	9 78	10 78
11 140	12 135	13 26	14 81	

23쪽

1 101	2 102	3 103	4 104	5 104
6 108	7 107	8 106	9 171	10 102

1 25	2 28	3 34	4 31	5 33
6 28	7 29			

24쪽

2×8=16	2×9=18	3×9=27	3×1=3
2×5=10	2×2=4	3×5=15	3×4=12
2×7=14	2×6=12	3×0=0	3×8=24
2×1=2	2×0=0	3×2=6	3×6=18
2×4=8	2×3=6	3×7=21	3×3=9

1 102	2 180	3 70	4 144	5 32
6 69	7 154	8 249	9 108	10 276
11 134	12 240	13 72	14 129	

1 56	2 147	3 140	4 279	5 104
6 237	7 188	8 261	9 62	10 171
11 92	12 234	13 120	14 267	

25쪽

1 204	2 200	3 212	4 203	5 205
6 129	7 100	8 108	9 120	10 138

1 31	2 26	3 27	4 28	5 32
6 28	7 37			

26쪽

4단

4×1=4
4×2=8
4×3=12
4×4=16

$$\begin{array}{r} 6\ 3 \\ \times\quad 4 \\ \hline 1\ 2 \\ 2\ 4\ \ \\ \hline 2\ 5\ 2 \end{array} \qquad \begin{array}{r} 4 \\ \times\ 8\ 9 \\ \hline 3\ 6 \\ 3\ 2\ \ \\ \hline 3\ 5\ 6 \end{array}$$

4×5=20
4×6=24
4×7=28
4×8=32
4×9=36

1 324	2 172	3 304	4 200	5 248
6 68	7 376	8 116	9 140	10 272
11 252	12 356	13 368	14 40	

1 100	2 312	3 180	4 384	5 160
6 144	7 236	8 388	9 52	10 256
11 380	12 276	13 72	14 112	

27쪽

1 200	2 201	3 202	4 103	5 151
6 202	7 206	8 101	9 119	10 207

1 31	2 25	3 30	4 34	5 29
6 25	7 26			

28쪽

4단	7 2	4	4×5=20
4×1=4	× 4	× 1 6	4×6=24
4×2=8	8	2 4	4×7=28
4×3=12	2 8	4	4×8=32
4×4=16	2 8 8	6 4	4×9=36

1 344	2 236	3 184	4 52	5 248
6 200	7 300	8 364	9 144	10 348
11 280	12 64	13 216	14 156	

1 228	2 116	3 136	4 292	5 104
6 332	7 240	8 368	9 72	10 172
11 204	12 240	13 152	14 188	

30쪽

1 9	2 8	3 8	4 2	5 4
6 2	7 9	8 4	9 8	10 5
11 1	12 2	13 9	14 7	15 4

31쪽

4단	9 1	4	4×5=20
4×1=4	× 4	× 8 0	4×6=24
4×2=8	4	0	4×7=28
4×3=12	3 6	3 2	4×8=32
4×4=16	3 6 4	3 2 0	4×9=36

1 196	2 324	3 136	4 312	5 168
6 260	7 384	8 40	9 92	10 228
11 364	12 340	13 268	14 192	

1 300	2 212	3 48	4 308	5 344
6 380	7 152	8 252	9 112	10 184
11 244	12 180	13 80	14 144	

32쪽

1 9	2 1	3 9	4 4	5 6
6 4	7 3	8 5	9 9	10 4
11 5	12 6	13 7	14 5	15 4

33쪽

4단	6 8	4	4×5=20
4×1=4	× 4	× 4 3	4×6=24
4×2=8	3 2	1 2	4×7=28
4×3=12	2 4	1 6	4×8=32
4×4=16	2 7 2	1 7 2	4×9=36

1 248	2 56	3 148	4 368	5 292
6 236	7 300	8 116	9 240	10 188
11 272	12 160	13 376	14 72	

1 328	2 100	3 288	4 156	5 264
6 340	7 360	8 324	9 64	10 196
11 276	12 96	13 208	14 320	

34쪽

1 5	2 2	3 4	4 7	5 3
6 7	7 1	8 6	9 1	10 5
11 5	12 2	13 7	14 7	15 4

35쪽

2×6=12	3×7=21	4×4=16	2×9=18
2×4=8	3×9=27	4×3=12	3×8=24
2×8=16	3×3=9	4×5=20	4×6=24
2×7=14	3×5=15	4×9=36	3×4=12
2×5=10	3×6=18	4×7=28	2×3=6

1 140	2 63	3 388	4 164	5 42
6 152	7 130	8 57	9 168	10 58
11 180	12 100	13 64	14 282	

1 380	2 40	3 45	4 208	5 94
6 252	7 364	8 136	9 117	10 104
11 144	12 120	13 52	14 190	

36쪽

1 5	2 2	3 3	4 4	5 1
6 3	7 5	8 3	9 5	10 2
11 57	12 59	13 67	14 13	15 42

37쪽

2×9=18	3×5=15	4×3=12	2×6=12
2×7=14	3×7=21	4×7=28	3×6=18
2×5=10	3×4=12	4×9=36	4×4=16
2×4=8	3×9=27	4×6=24	3×3=9
2×3=6	3×8=24	4×5=20	2×2=4

1 102　2 207　3 120　4 96　5 48
6 92　7 152　8 249　9 216　10 184
11 201　12 344　13 58　14 120

1 112　2 98　3 225　4 360　5 104
6 237　7 104　8 174　9 93　10 228
11 92　12 234　13 248　14 160

38쪽

1 43　2 55　3 41　4 66　5 24
6 34　7 45　8 24　9 44　10 41
11 33　12 46　13 35　14 45　15 44
16 32　17 56　18 13　19 54　20 41

39쪽

5단			5×5=25
5×1=5	$\begin{array}{r} 17 \\ \times\ \ 5 \\ \hline 35 \\ 5\ \ \\ \hline 85 \end{array}$	$\begin{array}{r} 5 \\ \times\ 52 \\ \hline 10 \\ 25\ \ \\ \hline 260 \end{array}$	5×6=30
5×2=10			5×7=35
5×3=15			5×8=40
5×4=20			5×9=45

1 145　2 215　3 380　4 270　5 300
6 85　7 470　8 405　9 175　10 340
11 355　12 445　13 460　14 80

1 185　2 120　3 415　4 210　5 390
6 150　7 295　8 485　9 65　10 320
11 450　12 345　13 90　14 315

40쪽

1 45　2 53　3 42　4 44　5 14
6 33　7 68　8 57　9 53　10 67
11 14　12 35　13 21　14 86　15 23
16 55　17 83　18 84　19 22　20 88

41쪽

5단			5×5=25
5×1=5	$\begin{array}{r} 96 \\ \times\ \ 5 \\ \hline 30 \\ 45\ \ \\ \hline 480 \end{array}$	$\begin{array}{r} 5 \\ \times\ 83 \\ \hline 15 \\ 40\ \ \\ \hline 415 \end{array}$	5×6=30
5×2=10			5×7=35
5×3=15			5×8=40
5×4=20			5×9=45

1 310　2 295　3 230　4 65　5 430
6 265　7 350　8 455　9 180　10 435
11 360　12 50　13 270　14 195

1 365　2 290　3 170　4 285　5 140
6 415　7 325　8 450　9 90　10 215
11 255　12 345　13 150　14 280

42쪽

1 52　2 85　3 44　4 55　5 56
6 44　7 56　8 14　9 46　10 34
11 65　12 45　13 52　14 24　15 95
16 24　17 55　18 44　19 56　20 64

43쪽

5단			5×5=25
5×1=5	$\begin{array}{r} 71 \\ \times\ \ 5 \\ \hline 5 \\ 35\ \ \\ \hline 355 \end{array}$	$\begin{array}{r} 5 \\ \times\ 28 \\ \hline 40 \\ 10\ \ \\ \hline 140 \end{array}$	5×6=30
5×2=10			5×7=35
5×3=15			5×8=40
5×4=20			5×9=45

1 210　2 405　3 170　4 390　5 245
6 325　7 480　8 75　9 100　10 285
11 455　12 425　13 335　14 200

1 190　2 265　3 60　4 215　5 430
6 475　7 375　8 315　9 105　10 200
11 305　12 225　13 135　14 180

44쪽

1 45　2 40　3 84　4 43　5 44
6 66　7 36　8 57　9 13　10 42
11 21　12 68　13 32　14 43　15 21

45쪽

5단
5×1=5
5×2=10
5×3=15
5×4=20

$$\begin{array}{r} 9\ 2 \\ \times\ \ \ 5 \\ \hline 1\ 0 \\ 4\ 5\ \ \\ \hline 4\ 6\ 0 \end{array}$$

$$\begin{array}{r} 5 \\ \times\ 1\ 7 \\ \hline 3\ 5 \\ 5\ \ \\ \hline 8\ 5 \end{array}$$

5×5=25
5×6=30
5×7=35
5×8=40
5×9=45

1 250　2 70　3 185　4 460　5 365
6 310　7 440　8 145　9 320　10 235
11 300　12 215　13 470　14 90

1 330　2 125　3 350　4 195　5 410
6 245　7 485　8 405　9 80　10 425
11 345　12 120　13 275　14 400

46쪽

1 57　2 86　3 65　4 45　5 32
6 81　7 55　8 33　9 53　10 58
11 33　12 13　13 76　14 16　15 47

47쪽

3×8=24　4×9=36　5×4=20　2×8=16
3×4=12　4×2=8　5×6=30　3×6=18
3×9=27　4×6=24　5×9=45　4×7=28
3×7=21　4×8=32　5×3=15　5×7=35
3×5=15　4×5=20　5×8=40　2×9=18

1 76　2 63　3 388　4 400　5 28
6 219　7 260　8 95　9 84　10 87
11 256　12 125　13 64　14 270

1 30　2 72　3 380　4 260　5 80
6 252　7 364　8 340　9 78　10 78
11 288　12 140　13 26　14 186

48쪽

1 53　2 42　3 45　4 32　5 74
6 65　7 61　8 76　9 30　10 24
11 10　12 41　13 67　14 34　15 11

49쪽

3×3=9　4×7=28　5×2=10　2×5=10
3×6=18　4×9=36　5×9=45　3×7=21
3×8=24　4×5=20　5×6=30　4×6=24
3×4=12　4×3=12　5×5=25　5×3=15
3×9=27　4×8=32　5×7=35　2×6=12

1 108　2 207　3 140　4 240　5 32
6 60　7 304　8 415　9 102　10 276
11 240　12 430　13 58　14 129

1 56　2 93　3 300　4 465　5 104
6 237　7 80　8 435　9 98　10 171
11 184　12 350　13 124　14 294

50쪽

1 65　2 58　3 34　4 53　5 78
6 65　7 26　8 77　9 55　10 34
11 53　12 43　13 55　14 43　15 68

51쪽

6단
6×1=6
6×2=12
6×3=18
6×4=24

$$\begin{array}{r} 6\ 3 \\ \times\ \ \ 6 \\ \hline 1\ 8 \\ 3\ 6\ \ \\ \hline 3\ 7\ 8 \end{array}$$

$$\begin{array}{r} 6 \\ \times\ 8\ 9 \\ \hline 5\ 4 \\ 4\ 8\ \ \\ \hline 5\ 3\ 4 \end{array}$$

6×5=30
6×6=36
6×7=42
6×8=48
6×9=54

1 174　2 258　3 324　4 372　5 102
6 564　7 480　8 210　9 408　10 288
11 378　12 534　13 540　14 96

1 150　2 204　3 528　4 450　5 252
6 216　7 354　8 582　9 60　10 384
11 570　12 108　13 414　14 180

52쪽

1 86　2 43　3 75　4 11　5 24
6 86　7 74　8 33　9 63　10 75

1 25　2 32　3 25　4 29　5 24
6 31　7 33

53쪽

6단	7 2	6	6×5=30
6×1=6	× 6	× 1 6	6×6=36
6×2=12	1 2	3 6	6×7=42
6×3=18	4 2	6	6×8=48
6×4=24	4 3 2	9 6	6×9=54

1 372	2 354	3 222	4 78	5 516
6 348	7 450	8 546	9 216	10 480
11 432	12 96	13 324	14 234	

1 420	2 312	3 276	4 342	5 168
6 498	7 390	8 552	9 108	10 258
11 300	12 414	13 228	14 282	

54쪽

1 41	2 55	3 34	4 65	5 24
6 34	7 32	8 115	9 14	10 44

1 28	2 35	3 29	4 35	5 30
6 32	7 35			

55쪽

6단	9 1	6	6×5=30
6×1=6	× 6	× 8 0	6×6=36
6×2=12	6	0	6×7=42
6×3=18	5 4	4 8	6×8=48
6×4=24	5 4 6	4 8 0	6×9=54

1 252	2 480	3 204	4 468	5 294
6 390	7 576	8 90	9 138	10 342
11 546	12 480	13 402	14 288	

1 228	2 318	3 60	4 462	5 516
6 570	7 450	8 378	9 126	10 276
11 366	12 270	13 120	14 216	

56쪽

1 36	2 53	3 59	4 102	5 93
6 65	7 74	8 45	9 63	10 64

1 13	2 1	3 6	4 5	5 18
6 6	7 4			

57쪽

6단	6 8	6	6×5=30
6×1=6	× 6	× 4 3	6×6=36
6×2=12	4 8	1 8	6×7=42
6×3=18	3 6	2 4	6×8=48
6×4=24	4 0 8	2 5 8	6×9=54

1 354	2 84	3 222	4 540	5 438
6 372	7 528	8 174	9 384	10 282
11 408	12 258	13 534	14 60	

1 96	2 150	3 432	4 234	5 480
6 294	7 582	8 486	9 402	10 510
11 414	12 144	13 558	14 522	

58쪽

1 59	2 63	3 79	4 55	5 43
6 35	7 41	8 95	9 44	10 59

1 8	2 9	3 8	4 4	5 14
6 7	7 16			

59쪽

3×3=9	5×3=15	6×6=36	2×7=14
3×6=18	5×8=40	6×2=12	3×8=24
3×8=24	5×5=25	6×8=48	4×4=16
3×4=12	5×7=35	6×7=42	5×6=30
3×9=27	5×4=20	6×4=24	6×9=54

1 76	2 63	3 388	4 410	5 84
6 140	7 195	8 76	9 210	10 174
11 120	12 75	13 312	14 470	

1 30	2 72	3 380	4 260	5 282
6 168	7 270	8 272	9 195	10 156
11 144	12 240	13 52	14 435	

60쪽

1 44	2 57	3 34	4 55	5 66
6 61	7 95	8 56	9 56	10 75

1 8	2 8	3 7	4 7	5 6
6 7	7 7			

61쪽

4×6=24	5×8=40	6×4=24	2×8=16
4×9=36	5×3=15	6×7=42	3×7=21
4×2=8	5×7=35	6×9=54	4×5=20
4×7=28	5×5=25	6×3=18	5×6=30
4×4=16	5×9=45	6×6=36	6×8=48

1 108	2 207	3 140	4 240	5 96
6 46	7 228	8 320	9 255	10 552
11 134	12 258	13 80	14 215	

1 56	2 93	3 300	4 465	5 312
6 158	7 78	8 348	9 200	10 342
11 92	12 234	13 248	14 400	

62쪽

1 75	2 74	3 43	4 65	5 36
6 65	7 78	8 87	9 66	10 57

1 11	2 3	3 15	4 11	5 10
6 11	7 8			

MEMO

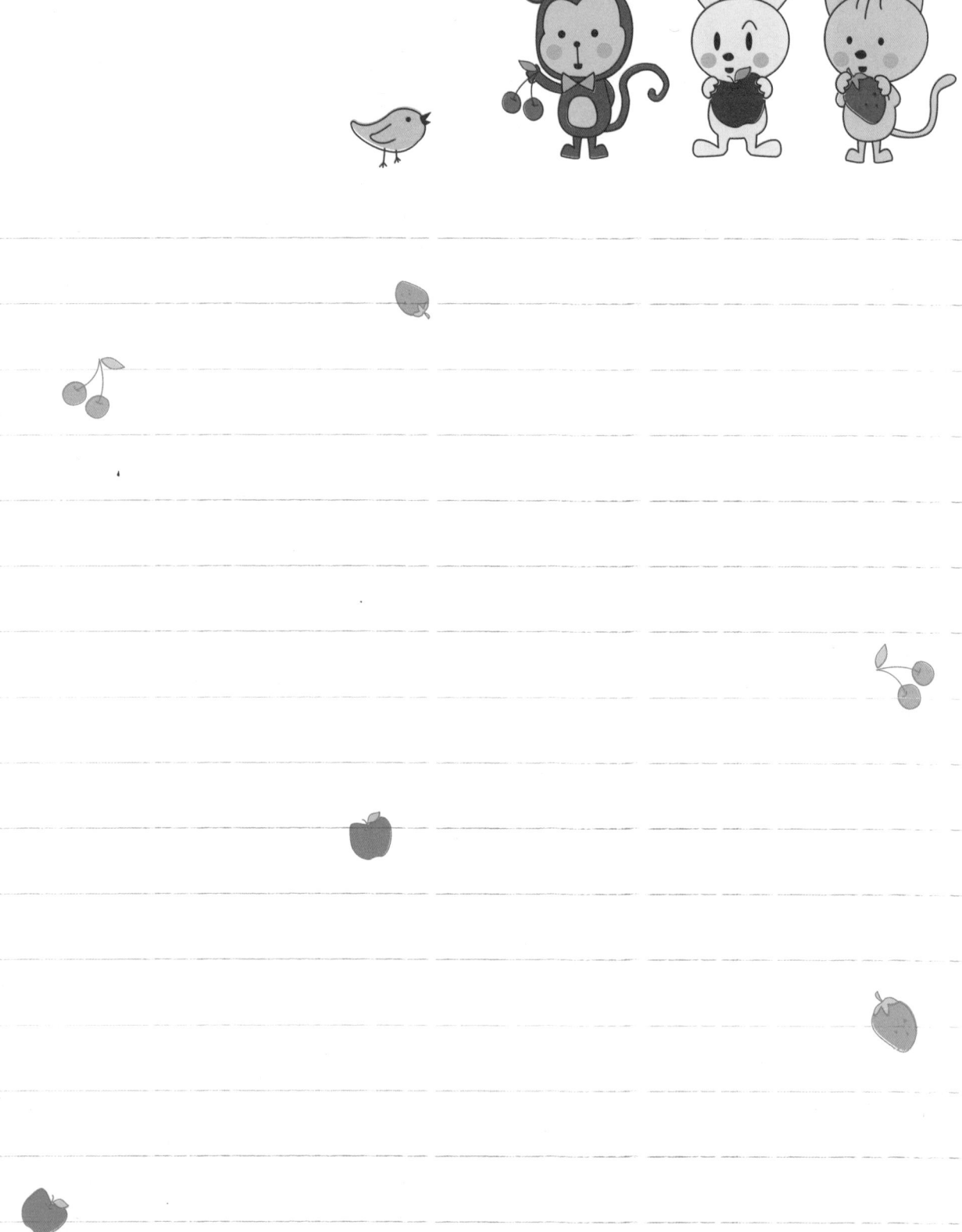